流量變現筆記
超級個人IP時代
IG、抖音增粉的52個練習

冒牌生 ——— 著

2024

01
M	T	W	T	F	S	S
1	2	3	4	5	6	7
8	9	10	11	12	13	14
15	16	17	18	19	20	21
22	23	24	25	26	27	28
29	30	31				

02
M	T	W	T	F	S	S
			1	2	3	4
5	6	7	8	9	10	11
12	13	14	15	16	17	18
19	20	21	22	23	24	25
26	27	28	29			

03
M	T	W	T	F	S	S
				1	2	3
4	5	6	7	8	9	10
11	12	13	14	15	16	17
18	19	20	21	22	23	24
25	26	27	28	29	30	31

04
M	T	W	T	F	S	S
1	2	3	4	5	6	7
8	9	10	11	12	13	14
15	16	17	18	19	20	21
22	23	24	25	26	27	28
29	30					

05
M	T	W	T	F	S	S
		1	2	3	4	5
6	7	8	9	10	11	12
13	14	15	16	17	18	19
20	21	22	23	24	25	26
27	28	29	30	31		

06
M	T	W	T	F	S	S
					1	2
3	4	5	6	7	8	9
10	11	12	13	14	15	16
17	18	19	20	21	22	23
24	25	26	27	28	29	30

07
M	T	W	T	F	S	S
1	2	3	4	5	6	7
8	9	10	11	12	13	14
15	16	17	18	19	20	21
22	23	24	25	26	27	28
29	30	31				

08
M	T	W	T	F	S	S
			1	2	3	4
5	6	7	8	9	10	11
12	13	14	15	16	17	18
19	20	21	22	23	24	25
26	27	28	29	30	31	

09
M	T	W	T	F	S	S
						1
2	3	4	5	6	7	8
9	10	11	12	13	14	15
16	17	18	19	20	21	22
23	24	25	26	27	28	29
30						

10
M	T	W	T	F	S	S
	1	2	3	4	5	6
7	8	9	10	11	12	13
14	15	16	17	18	19	20
21	22	23	24	25	26	27
28	29	30	31			

11
M	T	W	T	F	S	S
				1	2	3
4	5	6	7	8	9	10
11	12	13	14	15	16	17
18	19	20	21	22	23	24
25	26	27	28	29	30	

12
M	T	W	T	F	S	S
						1
2	3	4	5	6	7	8
9	10	11	12	13	14	15
16	17	18	19	20	21	22
23	24	25	26	27	28	29
30	31					

2025

01
M	T	W	T	F	S	S
	1	2	3	4		7
6	7	8	9	10	11	14
13	14	15	16	17	18	21
20	21	22	23	24	25	28
27	28	29	30	31		

02
M	T	W	T	F	S	S
					1	2
3	4	5	6	7	8	9
10	11	12	13	14	15	16
17	18	19	20	21	22	23
24	25	26	27	28		

03
M	T	W	T	F	S	S
					1	2
3	4	5	6	7	8	9
10	11	12	13	14	15	16
17	18	19	20	21	22	23
24	25	26	27	28	29	30
31						

04
M	T	W	T	F	S	S
	1	2	3	4	5	6
7	8	9	10	11	12	13
14	15	16	17	18	19	20
21	22	23	24	25	26	27
28	29	30				

05
M	T	W	T	F	S	S
			1	2	3	4
5	6	7	8	9	10	11
12	13	14	15	16	17	18
19	20	21	22	23	24	25
26	27	28	29	30	31	

06
M	T	W	T	F	S	S
						1
2	3	4	5	6	7	8
9	10	11	12	13	14	15
16	17	18	19	20	21	22
23	24	25	26	27	28	29
30						

07
M	T	W	T	F	S	S
	1	2	3	4	5	6
7	8	9	10	11	12	13
14	15	16	17	18	19	20
21	22	23	24	25	26	27
28	29	30	31			

08
M	T	W	T	F	S	S
				1	2	3
4	5	6	7	8	9	10
11	12	13	14	15	16	17
18	19	20	21	22	23	24
25	26	27	28	29	30	31

09
M	T	W	T	F	S	S
1	2	3	4	5	6	7
8	9	10	11	12	13	14
15	16	17	18	19	20	21
22	23	24	25	26	27	28
29	30					

10
M	T	W	T	F	S	S
		1	2	3	4	5
6	7	8	9	10	11	12
13	14	15	16	17	18	19
20	21	22	23	24	25	26
27	28	29	30	31		

11
M	T	W	T	F	S	S
					1	2
3	4	5	6	7	8	9
10	11	12	13	14	15	16
17	18	19	20	21	22	23
24	25	26	27	28	29	30

12
M	T	W	T	F	S	S
1	2	3	4	5	6	7
8	9	10	11	12	13	14
15	16	17	18	19	20	21
22	23	24	25	26	27	28
29	30	31				

這幾年我出了兩本社群書
《社群創業時代》和《社群加薪時代》

出書後幫助了很多人從無到有的建置 IG / FB / 社群，
增加了他們斜槓的機會。

細數過我協助過其他學生的成績單：

- 素人寶媽學了 6 個月 粉絲從 300 人變 5000 人

- 25 歲女孩學了 3 個月下標 影片觀看數從數百人變成 39 萬人

- 35 歲模特兒學會了素材拆解法 發文、出片速度大增，互動也大幅提升！

- 眉毛業者，粉絲數不到 1000 人，學會疊加的操作方式

  一個月拿到 17 個新客，賺了 13 萬。

- 中醫師，粉絲數從 0 開始，經過冒牌生 3 個月課程

  從定位到發文內容的調整，FB 粉絲數達 2.6 萬並成功出書。

這本筆記書是手把手的教學：
我把 IG、抖音的經營辦法拆解成 52 個練習。

你可以自主掌握學習時間。
教你如何增粉、如何變現，不需要很多粉絲也做得到！
無論你希望粉絲成長還是賺取額外收入都一定有所幫助。

做 IG、抖音，你想不想真的做起來？
想做起來，我跟你們分享一個最重要的獨門祕笈：
一學、二改、三創新！
很多人交那麼多錢，學了那麼多東西，
最後還是落不了地，因為學習的方法出了問題！

學習最快的方法就是練習，
練習是需要技巧的，需要研究的。

你可以找出行業裡 10 個熱門的帳號，
把他們當作靈感簿。
再把帳號裡的內容，挑出 10 個點讚、評論最高的。
一共加起來 100 個作品，
把他們的選題、文案結構、拍攝、剪輯
和變現邏輯全部研究一遍。

如果你連自己產業的熱門帳號都沒有研究過，
那又如何知道自己的帳號該怎麼經營才會成功？

我就是天天在研究選題、研究文案、研究拍攝、研究變現，
所以我選的話題就決定我的基礎流量，
所以為什麼你會看到我的貼文和影片？
你看到我的貼文和影片，就是給了我機會！

為什麼很多人講得吐血都沒有效果？
因為選題出了問題！
他在自嗨，他在講他想講的、根本不是用戶想聽的。

我已經經營超過 10 年了，
不只是研究 IG、FB，還有部落格、直播、團購。
我把我的 know how 分享給你，
讓你掌握這個時代流量的新算法。

我們這個時代，個人 IP 的時代到了，
未來是平台加超級個人 IP，
我們每個人都有機會抓住這個時代，做超級個人 IP。

1 January
2024

一月底學生準備開學了，文具、
3C 業者別錯過學生採買檔期。

二月最大的節慶有春節和情人
節，記得提前布局。

適合做促銷的產業：零食、花
店、餐廳、飾品、珠寶。

轉職、年終獎金、求職相關的
關鍵字搜尋也會在此時飆升。

如果想要切入上班族市場，
這個時段是你必須掌握的。

Mon	Tue
1 元旦	2
8	9
15	16
22	23
29	30

2

M	T	W	T	F	S	S
			1	2	3	4
5	6	7	8	9	10	11
12	13	14	15	16	17	18
19	20	21	22	23	24	25
26	27	28	29			

Wed	Thu	Fri	Sat	Sun
3	4	5	6	7
10	11	12	13	14
17	18	19	20	21
24	25	26	27	28
31				

春節的關鍵字是年貨，消費者在除夕前一個月左右會搜尋相關資訊。
最熱門的五大類別分別為：
美食菜肴、新衣服新鞋、食品雜貨、遊戲電玩、國內外旅遊。
建議圖文融入新春元素，強化產品與年節關聯。

2 February
2024

Mon	Tue
5	6
12 初三	13 初四
19	20
26	27

情人節是台灣人最愛過的 3 大
節之一。

浪漫經濟的浪潮，女生習慣提
前準備。

Google 內部數據觀察到，「送
女生」的關鍵字在情人節過後
搜量提升，而「送男生」的關
鍵字會在情人節前一個月出現
高峰。

3

M	T	W	T	F	S	S
				1	2	3
4	5	6	7	8	9	10
11	12	13	14	15	16	17
18	19	20	21	22	23	24
25	26	27	28	29	30	31

Wed	Thu	Fri	Sat	Sun
	1	2	3	4
7	8 彈性放假	9 除夕	10 初一	11 初二
14 初五 西洋情人節	15	16	17 補班日	18
21	22	23	24 元宵節	25
28 和平紀念日	29			

情人節檔期 40% 消費者重視折扣，高檔餐廳、美妝保養、輕奢品銷售都會增加。花藝商家在情人節過後 2 天，仍有情人節送禮需求及訂單，而販售 3C 配件的商家，則在情人節前業績有顯著提升。
最後也別忘了黃金單身族！「自我犒賞」的商機也是潛力無窮的！

3 March
2024

3 月是女性的重要節日，
行銷關鍵字有：婦女節、女王節、白色情人節。

建議針對不同屬性的女性做分層的溝通，進而達成品牌形象提升！

另外春天來了，這時候陽明山杜鵑花季、海芋季也開跑了。

Mon	Tue
4	5
11	12 植樹節
18	19
25	26

4

M	T	W	T	F	S	S
1	2	3	4	5	6	7
8	9	10	11	12	13	14
15	16	17	18	19	20	21
22	23	24	25	26	27	28
29	30					

Wed	Thu	Fri	Sat	Sun
		1	2	3
6	7	8 國際婦女節 （女神節）	9	10
13	14 白色情人節	15	16	17
20	21	22	23	24
27	28	29 青年節	30	31

38 婦女節是年度「她」經濟的起始點，銜接後續母親節檔期，優惠檔期可以從婦女節前一週或持續一整個月不定。

建議此時行銷重點可以著重「舊客帶新客」、「衝高網站造訪率」，讓第一次接觸品牌的顧客先對商品及服務有完整的認識。

4 April
2024

Mon	Tue
1 愚人節	2
8	9
15	16
22 世界地球日	23
29	30

4 月 1 日愚人節熱鬧開場，
可以透過愚人節與兒童節等，
跟粉絲一起做一些熱鬧的互動
及活動！

常見的 3 種做法分別是：
發布假產品消息、假新聞或假
議題、整人的產品頁面或活動。

5

M	T	W	T	F	S	S
		1	2	3	4	5
6	7	8	9	10	11	12
13	14	15	16	17	18	19
20	21	22	23	24	25	26
27	28	29	30	31		

Wed	Thu	Fri	Sat	Sun
3	4 清明 兒童節	5 調整放假	6	7
10	11	12	13	14
17	18	19	20	21
24	25	26	27	28

4 月要開始規畫 5 月母親節大活動。絕大多數人選擇的慶祝方式是：
聚餐、送禮、買蛋糕、出遊。相關業者不要忘了規畫行銷方案。

而根據調查，媽媽最想收到的禮物 TOP3：現金（現金、禮券等）、
3C 用品（手機、平板等）、家電（氣炸鍋、吸塵器等）

5 May
2024

5月除了母親節之外，也是勞動節和報稅申報季。

行銷關鍵字：三天小長假、母親節、報稅。

另外由於女性消費力的提升，5月也是電商及百貨檔期的美妝類產品的銷售高峰。

Mon	Tue
6	7
13	14
20	21
27	28

6

M	T	W	T	F	S	S
					1	2
3	4	5	6	7	8	9
10	11	12	13	14	15	16
17	18	19	20	21	22	23
24	25	26	27	28	29	30

Wed	Thu	Fri	Sat	Sun
1 勞動節	2	3	4	5
8	9	10	11	12 母親節
15	16	17	18	19
22	23	24	25	26
29	30	31		

5月除了關注母親節之外，還有高職統測、澎湖花火節、馬祖藍眼淚，等相關議題。

另外，還有一個諧音情人節 #520 我愛你，關於告白，我愛你，情侶等關鍵字的搜尋度又會大幅提升。不要錯過這個機會，讓消費者更了解你的產品。

6 June
2024

Mon	Tue
3	4
10 端午節	11
17	18 618 購物節
24	25

6月初有端午節,端午節是三大節日之一。

我推薦三個創意切入點,讓觀眾更有感!

話題是需要被討論的,建議大家可以試著切入:

玩立蛋、甜鹹口味、南北粽之爭。

這樣不只是可以迎合消費者心理,還可以寓樂於銷、製造熱點。

7

M	T	W	T	F	S	S
1	2	3	4	5	6	7
8	9	10	11	12	13	14
15	16	17	18	19	20	21
22	23	24	25	26	27	28
29	30	31				

Wed	Thu	Fri	Sat	Sun
			1	2
5	6	7	8	9
12	13	14	15	16
19	20	21	22	23
26	27	28	29	30

6月除了端午節還有畢業季、升學考試、金曲獎，都是很好的話題！
可以順著話題分享一些金曲時事或是畢業求職的內容。

618也是日益火熱的購物節，這裡準備了一些你可能會忽略的行銷關鍵字：連假、補班、防蚊、防曬、涼感、美白、熱氣球嘉年華。

別忘了在你的月曆上規畫夏天的行銷策略。

7

July

2024

Mon	Tue
1 暑假開始	2
8	9
15	16
22	23
29	30

7月不只是暑假，也是求職季的高峰。

可以針對季節的變化或是夏日的特色，規畫貼文內容！

這陣子搜尋度飆升的行銷關鍵字：暑假、新鮮人、求職。

也別忘了其他活動話題：動漫展、宜蘭童玩節、海洋音樂季。

8

M	T	W	T	F	S	S
			1	2	3	4
5	6	7	8	9	10	11
12	13	14	15	16	17	18
19	20	21	22	23	24	25
26	27	28	29	30	31	

Wed	Thu	Fri	Sat	Sun
3	4	5	6	7
10	11	12	13	14
17	18	19	20	21
24	25	26	27	28
31				

7 月底，別忘了即將來到的重要節日：88 父親節。

父親節禮物要提前作準備。

根據調查，爸爸最想收到的禮物 TOP3：現金、金融投資商品、旅遊（國內外旅遊等），所以不要再送刮鬍刀啦。

8 August
2024

根據數據調查，普渡議題有超過七成的民眾都很重視。因此別忘了掌握：鬼門開、普渡、禁忌等相關的關鍵字。貼文最佳發布時間，落在農曆七月前，各大量販店都會推出廣告和促銷。這時候很適合舉辦抽獎，會帶來一定規模的消費浪潮。

另外，還有七夕情人節也即將到來，別忘了牛郎織女一年相遇一次，掌握這個巧妙又難得的結合，突出產品或品牌的特性。

Mon	Tue
5	6
12	13
19	20
26	27

9

M	T	W	T	F	S	S
						1
2	3	4	5	6	7	8
9	10	11	12	13	14	15
16	17	18	19	20	21	22
23	24	25	26	27	28	29
30						

Wed	Thu	Fri	Sat	Sun
	1	2	3	4 七月初一
7	8 父親節	9	10 七夕情人節	11
14	15	16	17	18 中元節
21	22	23	24	25
28	29	30	31	

8月底最重要的日子就是開學季,是切入學生族群最佳時機。可以運用黑板、校服、校園引起學生的畫面認同感。無論是書刊文具、平板、筆電、小家電、生活家具和機車、自行車都會有購買潮。此外,便宜的二手原文教科書和中譯本,多益測驗參考書也是熱門話題。

9 September
2024

Mon	Tue
30	
2 鬼門關	3 軍人節
9	10
16	17 中秋節
23	24

9 月最大的流量密碼莫過於 3C 產業的盛事：iPhone、蘋果新機上市。科技、財經議題的內容產出者一定要緊跟上述的兩個關鍵字，效果會好很多。

9 月中旬有中秋節，也是糕點市場的熱門檔期。

根據過去市場調查結果，最受歡迎的是蛋黃酥和烤肉相關食材。

除此之外，教師節、謝師宴、新鮮人入職也是不能錯過的話題。

10

M	T	W	T	F	S	S
	1	2	3	4	5	6
7	8	9	10	11	12	13
14	15	16	17	18	19	20
21	22	23	24	25	26	27
28	29	30	31			

Wed	Thu	Fri	Sat	Sun
				1
4	5	6	7	8
11	12	13	14	15
18	19	20	21	22
25	26	27	28 教師節	29

從 9 月底到 12 月底，全台灣的各大百貨週年慶開跑了，內容經營者可以針對周年慶最愛買什麼來列出必買清單。此外，服飾、彩妝保養品、家電更是穩坐銷量和詢問度的前 3 名。

相關的流量關鍵字是：點數經濟、下殺折扣，購物攻略、信用卡回饋。所以內容經營者可以推出相關的整合內容，好好的蹭一波流量。

10 October

2024

Mon	Tue
	1
7	8
14	15
21	22
28	29

10月初有雙十節，國慶日煙火是
可以快速帶入情境的重要元素，
同時秋季也是旅遊旺季之一，可
透過節日特色與消費者產生共
鳴，主打限定商品和行程。
關於親子議題也別忘了掌握萬聖
節的元素，相關的關鍵字：鬼怪、
神祕和南瓜、變裝等主題，讓你
可以與粉絲們在線上玩一場變裝
趴。

11

M	T	W	T	F	S	S
				1	2	3
4	5	6	7	8	9	10
11	12	13	14	15	16	17
18	19	20	21	22	23	24
25	26	27	28	29	30	

Wed	Thu	Fri	Sat	Sun
2	3	4	5	6
9	10 國慶日	11 重陽節	12	13
16	17	18	19	20
23	24	25 臺灣光復節	26	27
30	31 萬聖節			

10 月底要記得規畫雙 11 的活動檔期，雙十一購物節即將來臨，可以規畫「數字 11 」相關優惠活動。

例如全館 11 免運、專區 11 %OFF、$1,111 福袋限量搶、滿 1,111 折 111、抽 1,111 購物金……操作方式十分多元，可以加以規畫。

11

November

2024

11 月可以運用的議題比想像中多元，氣溫下降，開始進入冬季。

保濕、保暖、溫泉等關鍵字的搜尋率，也會大幅提升。

此時也是電商的銷售旺季，還有感恩節的到來，

所以可以運用火雞元素快速產生節慶連結，同時感謝這一年顧客們的支持。

Mon	Tue
4	5
11 雙 11 購物節	12
18	19
25	26

12

M	T	W	T	F	S	S
						1
2	3	4	5	6	7	8
9	10	11	12	13	14	15
16	17	18	19	20	21	22
23	24	25	26	27	28	29
30	31					

Wed	Thu	Fri	Sat	Sun
		1	2	3
6	7	8	9	10
13	14	15	16	17
20	21	22	23	24
27	28 感恩節	29	30	

除了雙 11 檔期，11 月份還有電影界的盛事「金馬獎」可以呈現多元化的特色差異。

各位可以結合金馬影展、電影明星、時尚禮服、星光大道、紅毯等議題，結合金色獎杯、紅色地毯、馬等元素，快速產生連結，提升品牌的知名度。

12 December
2024

台灣聖誕節在禮物、節慶用品上的買氣也是相當興盛，

行銷關鍵字：聖誕節、交換禮物，禮物、大餐、相聚、派對、愛人。

尤其是交換禮物的相關商機，媒體報導高達 215 億元台幣，因此別錯過上述的關鍵字，掌握你的聖誕商機。

1

M	T	W	T	F	S	S
			1	2	3	7
6	7	8	9	10	11	14
13	14	15	16	17	18	21
20	21	22	23	24	25	28
27	28	29	30	31		

Wed	Thu	Fri	Sat	Sun
				1
4	5	6	7	8
11	12	13	14	15
18	19	20	21 冬至	22
25 聖誕節 行憲紀念日	26	27	28	29

1月份的節慶、假日很多：元旦、春節、元宵節，記得提前布局。適合做促銷的產業： 美食、旅遊、保健食品、禮盒。還有一些可能會被忽略的關鍵字：尾牙、過年假期、開工。建議製作貼文時可以用年夜飯、麻將、大掃除等情境來產生畫面共鳴。另外，新的一年制定計畫和目標，所以也可以發布一些高效的教學方式吸引目光。

Hello 你好，我是冒牌生。
從現在開始我會陪著你，
走完這一段社群經營的過程。

我知道你會參考這本筆記書，
是因為你想經營 IG、抖音或其他的自媒體平台，
想累積個人品牌或增加額外收入。

那麼開始之前，
我會先給你告訴你五個步驟，打掛 99% 的人！

步驟一：找出你的定位
你的帳號如果總是發表一些生活小片段，
你會發現連朋友都不會按讚。
既然朋友都不會按了，更何況是陌生人呢！
所以確定好自己的規畫，
在 IG、抖音裡，你要賣什麼東西？
怎麼賣？賣給誰？這就叫「定位」。
再選擇領域，你擅長什麼？喜歡什麼？
身分是什麼？能夠學誰？別人做得怎麼樣？
你想找的人是誰？選題是不是他們想看的？

步驟二：找出你的靈感簿
你不會做，你可以學！
找出一個好的靈感簿至少能節省三個月的時間
對標帳號要對標什麼？對標產品和選題。
你可以參考他的選題、拍攝邏輯、文案順序，
不要先追求與眾不同，要找出網感再做差異。
這時候你已經熬走 20% 到 30 % 以上的人了！

步驟三：至少做出 30 則貼文

80% 以上的人做 IG、抖音的時候，
是做不出三十則貼文的，更別說每天發一部了！

兩三天發一部，你就會需要整整 2 ～ 3 個月時間，
如果能做到這一步，就真的比很多人都要強，
大部分的人不超過三個月心態就崩了，
覺得自己做了沒成效，迷惘了，撞牆了，
但過不了社群經營的焦慮期，是不會成功的。

步驟四：持續優化和復盤

當你出現爆款的時候要複製！把爆款複製 100 遍。
雖然選題類似，但具體內容不一樣，
這樣才能滿足平台的演算法，
並觸及更多陌生的用戶累計粉絲。
優化是，當你發現這個選題拍了很多 30 次，但不紅！
那就不要拍了，你不需要有很多選題，
你只需要生產出一套能打的帶貨文案就可以了。

步驟五，調整好心態

很多人不超過三個月心態一定會崩，
會迷茫、會焦慮、會困惑，找很多老師問，該怎麼辦？
這種作法無可厚非，因為你慌。
但請一定要調整好心態，至少相信自己能堅持下來，
只要你自己足夠積極，相信你自己能突破，
最終才有可能成為那的百分之一。

接下來你準備好了嗎？
我們要開始這段社群經營的旅程了！

定位設定

1. 你現在的粉絲人數是多少？

2. 平常分享的內容是什麼？

3. 你想要的粉絲年齡？

4. 你想要的粉絲來自哪個地區？

5. 你想要的粉絲從事的職業是什麼？

6. 你想要的粉絲興趣是什麼？

請在筆記頁寫下來吧！

小提醒：服務業例如美業、餐廳、健身教練，即便是直銷、微商，提供的服務是有地區限制的，不要寫全台灣，而是要設定一個地區範圍。

你現在在什麼階段？

我把經營個人品牌分為四個階段，每個階段該做的事如下：

	粉絲人數	做的事情
剛開始	1～99 人	定位、自我介紹、15 則貼文。
探索期	100～999 人	修正定位、分析主題、私訊互動。
成長期	1000～9999 人	大量產出貼文、提升貼文互動率。
爆發期	1 萬人以上	情緒價值、找出願意付費的粉絲，持續觀察貼文數據，多方合作。

請列下來，你現在在什麼階段吧！

練習 03

你可以給粉絲什麼價值？

你覺得粉絲在你身上能得到什麼價值？

情緒價值 ▶ 喜怒哀樂、搞笑、感動

資訊價值 ▶ 整合過的內容、新聞、新知

利益價值 ▶ 抽獎、互粉、互惠

給初學者的建議：

粉絲沒有到 1 萬人以前不適合提供情緒價值，應該提供資訊價值。

因為觀眾不認識你，建議先設定粉絲人數目標，例如 1 萬人。

達到 1 萬粉絲以後再來思考如何提供情緒價值。

請在筆記頁寫下，你想提供給粉絲哪一種價值呢？

練習 04

主題面向：
產品 / 服務

關於產品 / 服務類別的帳號：

請選出利潤最高或你最常做的服務

做出一則貼文，以 10 張圖為例：

圖 1　　　　　　　　封面

圖 2 ～圖 7　　　　　可以講主要內容

圖 8 ～圖 10　　　　可以放宣傳素材、聯絡資訊

圖 2 到圖 7 可自行調整圖片數量，每頁最多 60 個字。

在筆記頁寫下來你的初步規畫。

記得，沒有標準答案，社群的容錯率是很高的。

主題面向：

網紅 / 知識

關於網紅／知識型類別的帳號：

請選出最有變現機會、目前互動最高的內容，

比如攝影、體態雕塑、親子育兒……等。

做出一則貼文，以 10 張圖為例：

圖 1	封面
圖 2 ～圖 7	知識內容、整合資訊
圖 8 ～圖 10	可以放個人生活素材、提醒粉絲互動的頁面

圖 2 到圖 7 可自行調整圖片數量，每頁最多 60 個字。

這些規畫一樣沒有標準答案，因為社群的容錯率是很高的。

在筆記頁大膽的寫下初步規畫吧。

靈感簿搜集

靈感簿是你認為值得學習的帳號，請找出 5 個靈感簿吧！
當你想要模仿和學習的帳號超過 5 萬人追蹤，而你自己的帳號
只有幾百人追蹤的時候，要考慮到大帳號的內容已經從「資訊價
值」轉換成「情緒價值」了，如果你才剛開始，盡量去找 5 千到
2 萬人左右追蹤的帳號，會是更明確的學習對象。

選擇靈感簿時要先考慮你找的帳號所累積的粉絲，是因為他有其
他東西的加持，還是單純靠社群的加持。例如：有些人會拿「東
京著衣」的創辦人「周品均」，作靈感簿，但周品均是先有個人
品牌才有社群，所以不太符合初學者的狀況。

你找的內容要符合你設定的主題面向，不要選了穿搭卻找了探店
的素材，不要選了親子育兒卻找了女強人創業的影片範例。

一個 IG 帳號要被演算法推薦，
至少一週要發 3 ～ 4 則貼文（含 Reels），
那麼你就要思考做一個類似的素材要花多少時間？
請寫下 5 個靈感簿，並在你實際做出一個素材後，
回答上面的時間問題吧！

大頭照選擇

大頭照的選擇要點有 4 個：

1. **五官清晰**
2. **臉部靠左朝內看**
3. **背景乾淨**
4. **品牌 LOGO 特寫**

如果你不想露臉，可以選擇：

產品特寫、輪廓剪影、娃娃公仔角色、拉花圖片……

請勿選擇半身或全身照，也不要選擇早安圖或一段文字。

因為大頭照的畫面很小，觀眾會看不清楚。

下面 4 張圖哪一張最適合成為大頭照呢？

條列式的自我介紹：
帳號名稱、姓名、簡介

如果粉絲數在 1 萬人以下，你的姓名不要有表情符號，要有**關鍵字**，如地點、興趣類別、服務項目。

地區關鍵字舉例：

O 台北、台中、台南、高雄、台東，地點是關鍵字。

X 北部、中部、南部、高屏，不是關鍵字。

興趣關鍵字舉例：

O 旅遊、時尚、美食、食譜、親子，是關鍵字。

X 生活、精緻生活、做菜、懶人做菜、寶媽，不是關鍵字。

其他關鍵字舉例：

O 理財、斜槓、美妝、化妝教學、穿搭，是關鍵字。

X 賺錢、愛美、保養、愛化妝、幸福生活，不是關鍵字。

個人簡介要注意的重點有 3 個：

1. 最多 4 行，超過會被系統縮排，會點開的觀眾很少 。

2. 一行最多 20 個字（避免斷行）。

3. 善用關鍵字做資訊整合。

試著在筆記頁寫下你的姓名和自我介紹吧！

PROFILE DATA

精選動態的分類

精選動態是讓陌生觀眾最快認識你的辦法之一，數量最多選 5 個，過多就會被 IG 自動縮排，需要滑動才能看得到。

像我的精選動態如下：

冒牌生 IG 小教室 _ 產業新訊

冒牌生 IG 小教室 _ 學員分享

冒牌生 IG 小教室 _ 課程紀錄

冒牌生 IG 小教室 _ 最新課程

冒牌生 IG 小教室 _ 一對一諮詢

生活類帳號建議分類：

1. 吃 2. 喝 3. 玩 4. 樂 5. 心情紀錄 6. 搞笑影音 7. 特殊紀念日

商業類帳號建議分類：

1. 本月主打 2. 最新優惠 3. 顧客回饋 4. 聯絡方式 5. 環境介紹
6. 服務項目 7. 產業新聞

請在筆記頁寫下你的精選動態吧！

九宮格鋪排練習

九宮格的鋪排練習請先設定 3 大主題面向

3 個面向不是指穿搭、探店、食譜、旅遊、美食都可以

而是選擇一個大的主題後，往三個面向深度發展。

尤其當你的粉絲人數不到 5000 人時，主打一個主題即可。

基本上主要面向是什麼，貼文和 reels 就是發主要面向的東西，

不是主要面向的就是放限動。

◯ 正確作法：以台南探店的主題為範例，可以試著設定三大主題後，每個主題再延伸三個小題。

範例：

面向 1. 巷弄美食

小題 1：台南銅板價小籠包

小題 2：台南超多汁的胡椒餅

小題 3：台南平價版鼎泰豐

面向 2. 網美咖啡廳

小題 1：台南法式咖啡廳

小題 2：台南全息投影的咖啡廳

小題 3：台南海島風裝潢咖啡廳

面向 3. 情侶約會餐廳推薦

小題 1：台南超好吃早午餐餐廳推薦

小題 2：深夜才開的台南北區壓磚三明治

小題 3：適合慶祝的西班牙風餐酒館

✗ 錯誤作法：同一帳號裡企圖包含下面三個主題風格各異的面向
面向 1. 美食；面向 2. 旅遊；面向 3. 穿搭。

可以依照範例的內容，寫下你的練習。

貼文主題發想

為什麼要選擇適合自己的主題？

如果選到適合自己的主題：
選到適合自己的主題，各平台演算法會主動幫你把內容擴散給對應的對象。

如果沒有：
大概做 30 篇左右就可以試著換主題，再嘗試，
而原本花費的時間就是成本。

每則貼文以 5 ～ 10 個相關的關鍵字，發想主題。
作為數據的依據，再來發想其他的素材。

如果你還是不知道怎麼做，
請參考下面情緒的流量密碼，適用於工作和個人感情生活：

1. 說一個難以啟齒的祕密
2. 曾經最大的遺憾
3. 曾經最虧欠的人
4. 這輩子最討厭的人
5. 當時是發生什麼事讓你這麼討厭

試試看，這些情緒的強連結都是固定的流量密碼。

想做社群就要抓住用戶情緒。你就成功一半了！

我滿常會收到這個問題：老師，這個主題我可以做嗎？

比如說，主題是探店，但我也會拍跟家人或情人的互動影片可以同時做嗎？

當然可以，沒有什麼東西不能做的喔，只是你就是要去承擔，IG演算法有沒有認識你的內容，會不會造成混淆。

如果做了沒人看，就怕浪費你的時間，

如果你覺得，這是你想做的也不怕浪費時間，增加粉絲也不重要，滿足自己開心就好，那就做喔，沒有規定什麼可以什麼不行。

請在筆記頁開始寫下你的貼文主題吧！

版面：

排版

一個乾淨的版面要掌握四大元素：

1. **畫質**：特寫的畫面容易失焦，需注意圖片畫質
2. **構圖**：人物 / 產品不要忽大忽小
3. **顏色**：統一背景的主色調
4. **字體**：太多的字體和顏色會讓人眼花撩亂

常見的版面如下：

三色塊、垂直型、棋盤格、統一底色

掃描 QRcode 看各版面優缺點

請選擇一個最適合你現在主題的版面。

版面：

色彩

顏色是最主觀直接吸引到客人眼球！

記得選用顏色前先了解你的客戶對色彩取向。

瞬間的印象，往往是會決定觀眾會不會追蹤、消費的重要因素。

女生注重感性，細節都直接決定整體印象。

偏男性的顏色：對比度強冷色系，綠、藍、紫等。

偏女性的顏色：柔和暖色系，橘、黃、粉等。

最不討喜的顏色：深咖啡。

在筆記頁，選出你的主色調吧！

練習 14　版面：字體

字體有千百萬種，這次我精選了四種字體，來看看有沒有適合你的吧！

明、宋字體 探索文學介紹有關的品牌內容，纖細優雅，情緒豐富性高。

手寫體 適合客群偏向文藝青年、文學氣息、有明確個性、有文藝氣息。

圓體字 適合輕鬆、有趣的圖文／產品內容，圓滑可愛，親和力高。

黑體字 適合專業、知識性的教學內容，線條銳利清晰，看起來專業。

注意！一個頁面不要超過一種字體，你可以用色塊、顏色、字體大小讓畫面豐富，凸顯重點。

在筆記頁寫下你選擇的字體吧！

圓體字

明/宋字體

黑體字

手寫體

照片尺寸

IG 貼文尺寸：最大的比例是 4：5。

IG Reels 尺寸：最大的比例是 9：16。

用手機直接拍攝的照片一般尺寸是落在 4：3（直的）。

因此當你放在 Instagram 的時候會被裁切，

也就是説拍攝全身照時，如果畫面沒有稍微留白，

整個人滿滿的在畫面裡就會被裁切掉一部分。

如果想同時經營 FB、IG，**建議尺寸是 1:1**。

這個原因是讓你的照片出現在 FB 的時候，不會因為尺寸的問題

改變排版。

建議拍攝照片、影片的時候用一樣的尺寸和規畫，

如果規畫是直立式的素材就全部都是用直立式的素材，

切記不要人物用直立式，美食、風景用橫式，

這樣搭配起來的素材忽大忽小，畫面會有黑色或白色的邊框，

會顯得很突兀。

試著在筆記頁寫下你的照片規畫吧。

圖片內容規格：

封面頁

如果把封面經營好：引流 = 引留，粉絲就會提升。

如果沒有，引到版面卻流失，那再多的流量都沒用。

你不是做一張照片，而是做「一組照片」。

封面照片，需要注意的是字體大小一致。

最多四行，一行最多 7 個字。

做完以後要記得去探索頁面看看，你的封面放在這樣的尺寸大小以後，是否能夠看得到，是否能夠吸引人？

想要自己的封面做得突出，你可以參考下列的三個辦法：

1. **主題差異**：當大家在高雄美食都是提供在地美食的照片時，你可以整理高雄在地美食的卡路里表，當主題不一樣，你的特色就會凸顯。

2. **顏色差異**：當大家在心靈雞湯的文字背景都是粉紅色，那麼你的封面照就可以換個不同的色系，讓內容更突出。

3. **影片差異**：大部分財經類型的內容都是圖片、字卡的模式在講述一件事情，你可以製作影片讓你在被搜尋的時候更容易吸引觀眾目光。

67

練習 17

圖片內容規格：
內容頁

字體一致、版型一致。

讓效果好的舊貼文，可以反覆利用並減少你的製作時間。

平均一頁的文字字數，一頁抓在 60 個字（含標點符號），斷句要注意。

以 10 張圖為例，可以分成三個章節：

第一個章節：圖 1 來做封面

第二個章節：圖 2～圖 7 主打內容

第三個章節：圖 8～圖 10 可以放個人素材、宣傳素材、聯繫素材

以圖片文案為範例

圖 1 封面，圖 2～圖 5 內容，圖 6～圖 8 宣傳互動

圖 1 - 封面設計

　　圖片：小籠包爆漿的畫面

　　文案：台南爆漿小籠包

圖 2 - **圖片**：小籠包流湯汁出來的畫面

　　文案：超多汁的小籠包

圖 3 - **圖片**：老闆製作小籠包的畫面

　　文案：在地 30 年的老店

圖 4 - 圖片：試吃小籠包的畫面
　　　文案：無
圖 5 - 圖片：老公／小朋友／朋友試吃小籠包的畫面
　　　文案：無
圖 6 - 圖片：請觀眾追蹤帳號
　　　　文案：想知道更多台南的好吃好玩的，歡迎追蹤我的 IG。

你可以試著在練習處寫下你的基本圖文規畫。

圖片內容規格：

宣傳頁

一則貼文最多 10 張圖片，最後的幾張可以拿來作為宣傳頁面，也是打造個人品牌的利器。

他不一定是要賣東西，做探店的可以放試吃畫面，用懶人包的形式分享給讀者促進留言。

目的是為了要讓陌生族群願意跟你對話。

知識型態的內容，可以有你的臉或個人相關主題的露出，這也是一種建立個人品牌的宣傳素材。

可以拿來做宣傳的內容如下：

1. 開一個 FB、Line 社團邀請大家加入

2. 販售商品或服務

3. 置入個人的生活畫面加強個人品牌

4. 邀請觀眾與你互動

5. 提供一個綜合內容的懶人包，讓觀眾們留言後索取（例如 10 則食譜、5 個健身技巧）。

請在練習頁寫下你想宣傳的內容吧，

上面的選項不是單選題，

你最多可以選擇三個喔。

文案規格：
圖片說明（長文案）

不僅是圖片可以用 3 個章節規畫，文案也可以有專屬的模板：

我設計的模板如下：

第一部分：圖片說明

第二部分：個人情感抒發

第三部分：綜合型的主題標記

第四部分：個人的主題標記

當你想要分享的資訊比較多，

例如分享一家餐廳的菜色、口味、地址、評價等內容，

會習慣寫長的文案，那麼在 FB、IG 等平台寫長文案時，

請務必記得 3 件事

1. 3 行一段

2. 每段分行

3. 一句話 10 ～ 15 個字以內

這樣寫出來的內容會比較容易閱讀。

試著在練習處寫下你的文案，

並且別忘了寫長文案要注意的事。

練習 20

文案規格：
時事相關主題

跟時事熱點的辦法

起：總結新聞

承：闡述自己的觀點

轉：提出一個常見的問題

合：總結、昇華主題

其中的轉折是個重點，你可以提出一個常見的問題，例如

1、性別議題

2、年齡議題

3、文化差異

4、反向思考

【合】：總結、昇華主題，擴展你的內容

請選擇一個想討論的熱門話題，並在練習頁以「起、承、轉、合」的順序寫下來。

主題標記的發想

來玩個遊戲吧。

給自己一分鐘的時間，隨機寫下你腦海中關於所設定的主題的主題標題。

結束後，可以再到 IG、抖音的搜尋位置，把你的想到的關鍵字放進去，

Instagam 會自動提供主題標記的其他相關內容和每個主題標題的使用次數。

準備好計時器，在你的練習頁寫下你的主題標記吧。

文案規格：

HASHTAGS

我把主題標記拿來做 4 件事：

1. **自嗨**：貼文標題、強調語氣，例如，＃好美麗的大海。
2. **常用**：個人分類、整體大方向，例如，＃冒牌生 IG 小教室。
3. **搜尋**：觀眾會主動查找的，例如，＃台北美食。
4. **活動**：鎖定範圍精準，例如，#2024 冒牌生 IG 課程。

所以現在你可以把上一次練習寫下的主題標題重新分類，把你的主題標記更有系統性的整理。

練習 23　文案規格：

個人分類標籤

使用主題標記 # 的時候，要記得創建個人分類，方便使用者進行搜尋，不是等著別人參與你的話題討論，而是要主動尋找適合的主題標記 #，找出貼文靈感簿和與他人進行互動，留言、按讚，參與話題討論。

 # 生活 # 日常 # 旅行 都是使用度高，搜尋度低的主題標記，建議減少使用頻率。

試著在練習頁寫下你的個人分類吧，讓你的讀者更了解你。

互動型文案：
抽獎文案

辦抽獎要怎麼做？我準備了抽獎文案的範本給你。

＃ 送你 ＿＿＿＿＿＿　＃ 慶祝 ＿＿＿＿＿＿
喜歡 ＿＿＿＿＿＿（例如：喜歡我們的作品／產品）
可以追蹤 ＠＿＿＿＿＿　＠＿＿＿＿＿　＠＿＿＿＿＿

＃ 參加辦法
追蹤 ＠＿＿＿＿＿
此篇貼文底下留言，標記 ＿＿ 個你想要祝福的朋友！
送出 ＿＿＿＿＿＿ ！
可以重複留言標記不同的人增加得獎機會！
截止時間：＿＿＿＿＿＿ 為止

＃ 超簡單 留言範例： ＿＿＿＿＿　＿＿＿＿＿ 趕快一起來參加！

＃ 會在 ＿＿ 月 ＿＿ 日的 IG 限時動態公告得獎名單
＃ 抽出留言中 ＿＿ 位幸運的人
＃ 得獎的朋友要自己注意通知訊息再私訊我兌獎唷！

歡迎在你的練習頁，照著上面的文案，
寫下你的抽獎文案吧。

注意事項：

1. 抽獎時間大約 5 天。

2. 贈品可以刺激消費，例如：餐飲業者可以提供大量餐飲券。

3. 贈品避免生鮮食物，要選擇流通性的贈品。

4. 我個人覺得 CP 值最高是電影票。

私訊回覆：

恭喜您得獎，請在 ____ 天內提供下列資訊，方便我們寄出。

姓名：

電話：

郵遞區號：

地址：

互動型文案：
邀約文案

文案內需有三個要素：

1. 自我介紹。 2. 我們提供的曝光。 3. 我們需要的內容。

文案範例：

嗨 冒牌生有話說 你好～

我們是娛樂平台 OXOX

目前 Facebook 有 76 萬追蹤、IG 有 2.4 萬粉絲

因為看到你這兩支影片，希望能獲得授權在我們的官方社群 (FB/
IG) 上曝光，影片會後製剪輯加上標題，並會在貼文中標註你的
粉專或頻道，希望影片能被更多人看見。之後也歡迎投稿給我
們唷！

感情淡了？這五件事代表你該分手了！
https://youtu.be/vvoUz0TWino
破解渣男的 8 種搭訕技巧 PUA 手法 愛情聊天室
https://youtu.be/v ～ A1M5CTmSA

期待你的回覆，若有任何問題也歡迎跟我們討論，謝謝！

未來在找人合作的時候，可以先在練習的頁面照著上面的文案，
寫下你的版本。

下標練習：
數據型

數據型：「90% 美業人的文案都是錯的！」
提出數據，作為佐證，增加標題的說服力。

例如：
以前我們看過「○○ 人都驚呆了」
這樣的做法不沒有不好，但過時了，
建議增加你想鎖定的族群，
加上否定或肯定的結語引起觀眾懸念。

你可以試著在練習處寫下「數據型」的標題，但不是所有的數字都是 90% 喔，你是可以做變化的。

下標練習：
凸顯特色

凸顯特色型：「最強求職新思維」
最頂尖／最新／最強的／最奢侈
「**最**」字的目的是強調語氣，
還有個萬用詞是「**絕對**」。

透過下列的句子感受差異吧！
夏天不能喝的 10 種飲料
夏天絕對不能喝的 10 種飲料
你覺得哪個比較有感覺？

你可以試著在練習處寫下「凸顯特色型」的標題，絕對會是最
吸引目光的標題。

下標練習：
第三方認證

第三方認證最強逆齡保養術，志玲姐姐現身說法／ 達人提供。
用明星＋內容，或者「特定族群」才知道的方式來做

例如：空姐才知道的 10 種最輕便行李打包技巧
第三方認證不是只有明星、達人才算數，你也可以圈出特定族群，標題範例：上班族都穿這件排汗襯衫，讓文章更吸引人！

試著在練習處寫下「第三方認證」的標題吧，找到屬於你的特定族群。

下標練習：

排比句

排比句：「17 歲的周慧敏，17 歲的林志玲，都比不上 17 歲的她。」

抓出最讓人耳熟能詳的人事物作為標準，最後隱藏懸念，是一種很高級的技巧和修辭手法。

例如：鐵達尼號、復仇者聯盟都比不上這部電影！

電影版《灌籃高手》主角不是櫻木花道，也不是流川楓，居然是他！

你也可以試試看練習處寫下「排比句」的標題。

下標練習：

整合

整合：「10 個絕對不該跟現任情人討論的地雷！」
這種做法是最簡單也最快速的，推薦初學者使用～

例如：
10 大好色國家一覽表、
解禁了！ 2023 必去旅行的 10 個歐洲國家、
錯過可惜的 10 大交友 APP

試著在練習處寫下「整合型」的標題吧。

修圖篇：

二次構圖

二次構圖可以剪掉不需要的元素，使主體吸引力不被分散，讓畫面乾淨利落更緊湊明確，呈現景色之美。

分析照片是否需要二次構圖五個檢查要點如下：

1. 照片是否變形

2. 去除不和諧元素

3. 分析色調（曝光、陰影、對比）

4. 分析色彩（色溫，色調，飽和度）

5. 是否要添加效果（銳化、噪點、暗角）

二次構圖 5 種技巧：

1. 三分法、 2. 黃金構圖、3. 金色螺旋、4. 對角線、5. 黃金三角

找一張圖片，來做個二次構圖吧。做完以後也歡迎在練習頁寫下你的心得和感想～

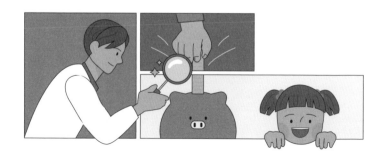

修圖篇：

物體左右側視覺引導

將主體放左側：

給人一種運動和方向感，

也能引導觀眾視線，

給人積極向上的感覺。

將主體放右側：

透過主體的位置改變，

有種引導觀眾離開畫面的感覺，

給人落寞離開的感覺。

優缺點：

優點：透過主體的運動，可以引導觀眾的視線重心，給人不一樣的感覺。

缺點：以人物特寫為主時，裁切應盡量避免四肢露出。別忘了，自拍裁切時要留白。

試著找一張圖片，做做看把物件放在不同位置的差異，也歡迎在練習頁寫下你的心得和感想。

色調篇：

徠卡風格濾鏡

打開 iPhone 相簿編輯

曝光	−10	飽和度	−10
鮮明度	−50	自然飽和度	+26
亮部	−50	色溫	−22
陰影	−10	色調	+10
對比度	+30	銳度	+10
亮度	+8	清晰度	+20
黑點	+22	暈邊	+12

參數僅供參考，根據原片適當調整！

請找一張圖片，在美圖秀秀或熟悉的修圖軟體練習調整圖片的色調吧。

建議記下你調整的數值，你的版面色調才會是一致的。

色調篇：
暗黑復古

打開 iPhone 相簿編輯

濾鏡	戲劇冷色	自然飽和度	+16
曝光	−12	色調	−22
鮮明度	+25	亮度	−9
亮部	+10	清晰度	+9
陰影	−22	色溫	+9
對比	+16		

參數僅供參考，根據原片適當調整！

請找一張圖片，在美圖秀秀或熟悉的修圖軟體練習調整圖片的色調吧。

建議記下你調整的數值，你的版面色調才會是一致的。

練習 35

色調篇：

秋日美拉德

打開 iPhone 相簿編輯

曝光	+20	飽和度	+50
鮮明度	+100	自然飽和度	-30
亮部	-15	色溫	+40
陰影	+20	色調	+20
對比度	-50	鏡度	+10
亮度	+15	清晰度	+20
黑點	-5	噪點消除	+10

參數僅供參考，根據原片適當調整！

請找一張圖片，在美圖秀秀或熟悉的修圖軟體練習調整圖片的色調吧。

建議記下你調整的數值，你的版面色調才會是一致的。

色調篇：

馬卡龍糖果風

打開 iPhone 相簿編輯

濾鏡	鮮豔暖色 +100	亮度	+35
鮮明度	+20	黑點	−40
亮部	−40	色溫	−30
陰影	+100	色調	+50
對比度	−45	清晰度	+20

參數僅供參考，根據原片適當調整！

請找一張圖片，在美圖秀秀或熟悉的修圖軟體練習調整圖片的色調吧。

建議記下你調整的數值，你的版面色調才會是一致的。

色調篇：

室內溫馨感

打開美圖秀秀編輯

濾鏡	自然 小美好 100%	疊加 自然 清透 80%	
對比度	-30	色溫	+20
高光	-15	色調	-5
暗部	+5	銳化	+25

亮度可自行調節喜歡的風格，
參數僅供參考，根據原片適當調整！

請找一張圖片，在美圖秀秀或熟悉的修圖軟體練習調整圖片的
色調吧。

建議記下你調整的數值，你的版面色調才會是一致的。

色調篇：

溫暖奶油色

打開美圖秀秀編輯

濾鏡	奶油 MY1 100	暗部	+10
亮度	+67	飽和度	+10
對比度	−25	色溫	+15
光感	−20	銳化	+25

參數僅供參考，根據原片適當調整！

請找一張圖片，在美圖秀秀或熟悉的修圖軟體練習調整圖片的色調吧。

建議記下你調整的數值，你的版面色調才會是一致的。

色調篇：

黑色夜景

打開美圖秀秀編輯

濾鏡	鎏金 CN13	飽和度	+30
光感	−100	銳化	+50
亮度	+100	清晰度	+30
對比度	+30		

參數僅供參考，根據原片適當調整！

請找一張圖片，在美圖秀秀或熟悉的修圖軟體練習調整圖片的色調吧。

建議記下你調整的數值，你的版面色調才會是一致的。

色調篇：

富士底片

打開美圖秀秀編輯

濾鏡	底片自由	SUPERIA.VF4 75%	
亮度	−13	曝光	+22
對比度	+16	氣氛	+30
飽和度	+36	光感	+30
顆粒感	+7		

參數僅供參考，根據原片適當調整！

請找一張圖片，在美圖秀秀或熟悉的修圖軟體練習調整圖片的色調吧。

建議記下你調整的數值，你的版面色調才會是一致的。

限動練習：

多圖型

使用 3 ～ 5 則限時動態講一個故事，並帶入商品連結。

掃描 QRcode 看更多說明

練習頁寫下多圖型的文案鋪排吧。

練習 42

限動練習：

圖片三分法

使用 1 則限時動態

將圖片分為上、中、下三個部分

範例：

上：圖片

中：連結

下：文字

掃描 QRcode 看更多説明

試著在練習頁寫下你的三分法吧。

限動練習：
選擇題

善用 IG 內的互動按鈕，

當你問對了問題才會有回覆。

提問少一點自己，多一點你。

例如：你的問題如果是

「NIKE 和 愛迪達，你喜歡哪一個？」

絕對比

「猜猜我喜歡那個運動品牌？」的效果來得更好！

掃描 QRcode 看更多説明

在練習頁寫下你的選擇題文案吧。

練習 44　限動練習：

增加互動的辦法（往上滑、私訊）

往上滑引發共鳴：

當讀者不認識你的時候，就很難產生共鳴。

以平常和朋友說話的方式發文，多展示自己的特點和情緒，

並引導讀者回覆「表情符號」是最有效果的！

私訊回覆，分享回應：

營造友善溝通氣氛很重要！

觀眾不是害羞不回，而是擔心只有自己在回，

當你多公開別人的回應，就會有很多人會去參與討論的。

掃描 QRcode 看更多說明

請在練習頁寫下紀錄，看看有引導和沒有引導的限動數據差異吧。

限動的濾鏡模組

星期一到日	🔍 今天星期幾
日系可愛風	🔍 florcitas
重點標示風	🔍 Blur around circle
相機錄影機風	🔍 CAMCORDER V.1
墨鏡酷哥跩姐風	🔍 IDC Glasses
夜間色調對比明顯	🔍 4K quality

用練習頁紀錄你喜歡的濾鏡吧！

短影音腳本：
對賭

對賭 + 挑戰

影片一開始找個暗樁加對賭挑戰

例如：美髮師找一個假路人問，

要 500 元還是剪頭髮大改造？選一個

剛開始的新帳號特別適合這樣的作法，

會很容易跑出漂亮的數據。

在練習頁寫下對賭的影片腳本和一般的影片腳本的差異吧。

短影音腳本：
養成系

什麼都不會，到底能不能被看見？

可以！現在特別流行一種做法

養成系網紅

舉例：「我不會化妝，第一天學化妝！」

「我是個胖子，表弟帶我減肥！」

但，養成系網紅的成功

有兩個最重要的條件：

你不能已經很美很帥很瘦還說要減肥！

你可以長相普通，但結果的反差要大！

比如說，有個「全網最聽勸的小哥」

在小紅書發了一張自拍，

問大家他為何相親總是失敗，

網友們給他許多意見，

換髮型、減肥、改穿搭，

他在幾個月的時間裡一一照做，

從油膩大叔變成了韓系小鮮肉！

你還想不到怎麼做嗎？

我列了幾個主題讓你參考

跟著 IG 學做飯

跟著 IG 學化妝

跟著 IG 學穿搭

跟著 IG 學手工

跟著 IG 學裝修

跟著 IG 學畫畫

換你在練習頁寫下來你的想法吧。

短影音腳本：

反差型

想要通過有趣的內容吸引更多人，必須要注意影片的反差感。
如果你想不到怎麼做反差，記得一個字「**大**」！

想像一個可愛的女生開篇第一秒，
拿一個比普通酒杯大十倍的紅酒杯開始喝酒！
你會不會留下來看？

我前幾天看到一位老外女網紅，她拍了一部在咖啡廳喝咖啡的影片，
影片很普通，但她用的杯子是一般咖啡杯的十幾倍大，
我就默默的影片看完了。

我還看過時尚網紅頭上的草帽，帽簷大到誇張離奇的地步，
拍攝的人退後 10 步畫面都塞不下！我也是默默把影片看完了！

這些影片的特質都是找一個物件放大，
做出反差感，所以影片想要抓住人的視線，
找個東西往大了走就是一種反差。

練習寫下你的靈感，試試看吧！

短影音腳本：
讚美他人

短影音的世界很看重演算法！
演算法的背後是情感的共鳴！
你在影片裡說自己很厲害不容易紅，
但你誇讚別人反而容易被看到！

腳本撰寫公式有四點：

第一步：先寫這個人的缺點

比如，新來的服務生不愛說話，來了三天就想叫他滾蛋走人！

第二步：讚美他的專業

後來發現他某方面雖然傻呼呼的，但對待工作非常專業認真。

第三步：他對你產生的影響

一個好的服務生對餐廳產生的影響，一個好的導遊對旅行產生的影響。

第四步：加個你的感悟

感嘆時，別忘了把人家的帳號 @ 出來，讚美他人的方式還可以互相導流，而且對兩個帳號的人設都非常正面。

在練習頁寫下來你想合作的朋友吧，值得嘗試看看！

練習 50

廣告的三個選擇

廣告有三個選擇：

1. **更多商業檔案瀏覽次數**，如果你想增加 IG 粉絲，可以選擇這個項目。

2. **更多網站瀏覽次數**，如果想吸引用戶到你的 YouTube、蝦皮商品頁面、Google 表單，活動報名網頁都可以選擇這個項目。

3. **更多訊息**。當你的商品單價較高，或需要更詳細的解釋，例如直銷、微商的招募，美業相關的諮詢，可以選擇私訊與消費者有更多對話。

這三個選擇是針對三種不同類型的廣告需求，你的廣告需求是什麼？請在練習頁寫下來吧。

廣告地點和興趣的設定

廣告受眾是廣告主在投放廣告的時候

可以選擇適合的觀眾，無論是地點、年齡、性別、興趣等相關

的條件去做選擇。

當中，最值得注意的是地點，分為地區和本地。

當你的服務有特定範圍時，

例如餐廳、美髮、美甲、按摩、美容、座談會，

需要選擇本地，鎖定在地族群會更有效益。

當你是提供線上服務、網路商城，

那麼可以選擇地區，鎖定的人群目標範圍會更廣泛。

請在練習頁，寫下你的廣告地區和興趣受眾吧。

廣告預算的設定

如果你想試著買 IG 的廣告，步驟如下：

1. 發布一則貼文或限動。
2. 限動不可以有互動按鈕，也不可以有濾鏡，也不可以有 GIF 檔案。
3. 按推廣。
4. 設定目標：商業檔案（不建議）、網址（適合寫表單）、私訊（取代 line）。
5. 設定族群：地點、興趣類別、年齡。
6. 設定預算：一天 200 ～ 300 台幣。
7. 連續做 7 天。
8. 觀察按讚成效。
9. 效果不錯，可以延長。

請在你的練習頁，記錄你的廣告走期和廣告預算，再算出實際取得一名客戶的廣告成本。

Weekly Plans

MON

TUE

WED

THU

FRI

SAT

SUN

TO DO LIST

NOTES

1 2 3 4 5 6
7 8 9 10 11 12

MON

TUE

WED

THU

FRI

SAT

SUN

TO DO LIST

NOTES

Weekly Plans

MON

TUE

WED

THU

FRI

SAT

SUN

TO DO LIST

NOTES

1 2 3 4 5 6
7 8 9 10 11 12

MON

TUE

WED

THU

FRI

SAT

SUN

TO DO LIST

NOTES

Weekly Plans

MON

TUE

WED

THU

FRI

SAT

SUN

TO DO LIST

NOTES

MON

TUE

WED

THU

FRI

SAT

SUN

TO DO LIST

NOTES

Weekly Plans

1 2 3 4 5 6
7 8 9 10 11 12

MON

TUE

WED

THU

FRI

SAT

SUN

TO DO LIST

NOTES

1 2 3 4 5 6
7 8 9 10 11 12

MON

TUE

WED

THU

FRI

SAT

SUN

TO DO LIST

NOTES

147

Weekly Plans

1 2 3 4 5 6
7 8 9 10 11 12

MON

TUE

WED

THU

FRI

SAT

SUN

TO DO LIST

NOTES

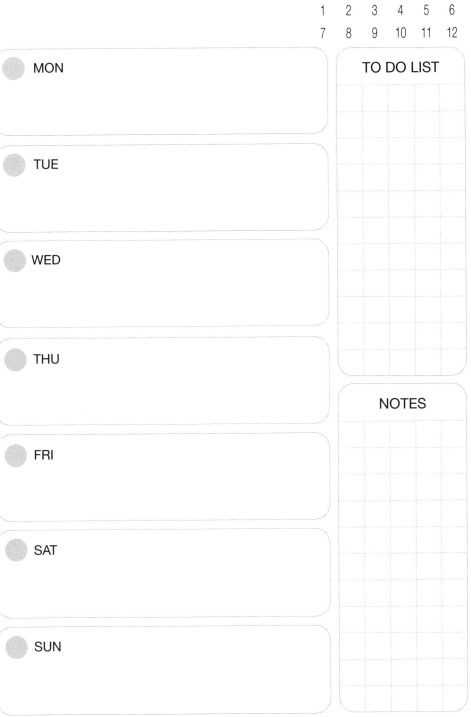

1   2   3   4   5   6
7   8   9   10 11 12

MON

TUE

WED

THU

FRI

SAT

SUN

TO DO LIST

NOTES

149

Weekly Plans

1 2 3 4 5 6
7 8 9 10 11 12

MON

TUE

WED

THU

FRI

SAT

SUN

TO DO LIST

NOTES

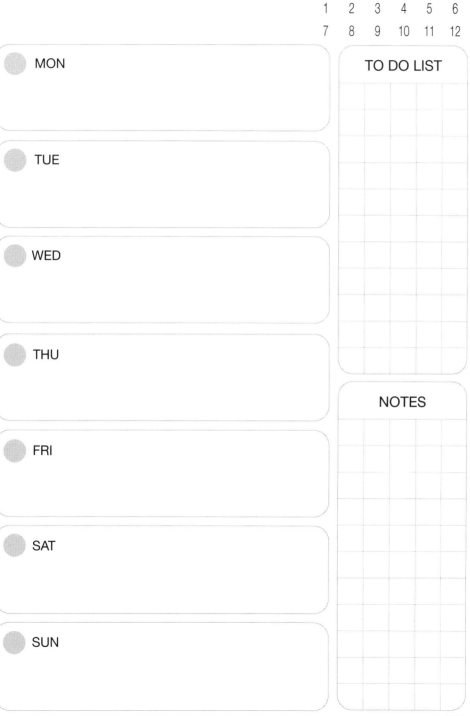

1 2 3 4 5 6
7 8 9 10 11 12

MON

TUE

WED

THU

FRI

SAT

SUN

TO DO LIST

NOTES

151

Weekly Plans

MON

TUE

WED

THU

FRI

SAT

SUN

TO DO LIST

NOTES

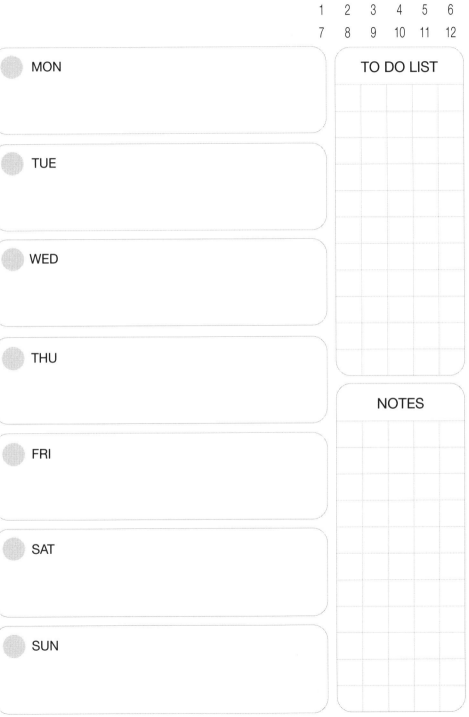

1 2 3 4 5 6
7 8 9 10 11 12

MON

TUE

WED

THU

FRI

SAT

SUN

TO DO LIST

NOTES

Weekly Plans

MON

TUE

WED

THU

FRI

SAT

SUN

TO DO LIST

NOTES

1 2 3 4 5 6
7 8 9 10 11 12

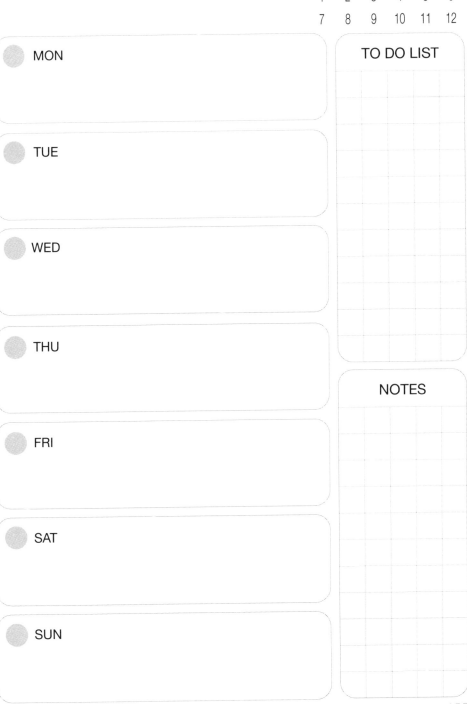

MON

TUE

WED

THU

FRI

SAT

SUN

TO DO LIST

NOTES

Weekly Plans

1 2 3 4 5 6
7 8 9 10 11 12

MON

TUE

WED

THU

FRI

SAT

SUN

TO DO LIST

NOTES

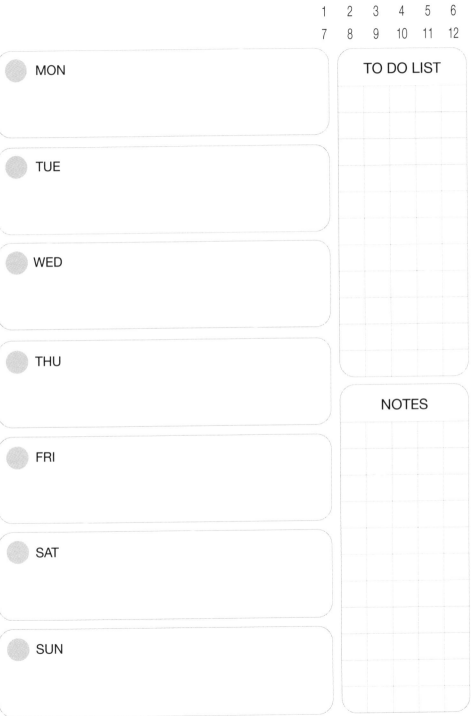

MON

TUE

WED

THU

FRI

SAT

SUN

TO DO LIST

NOTES

Weekly Plans

MON

TUE

WED

THU

FRI

SAT

SUN

TO DO LIST

NOTES

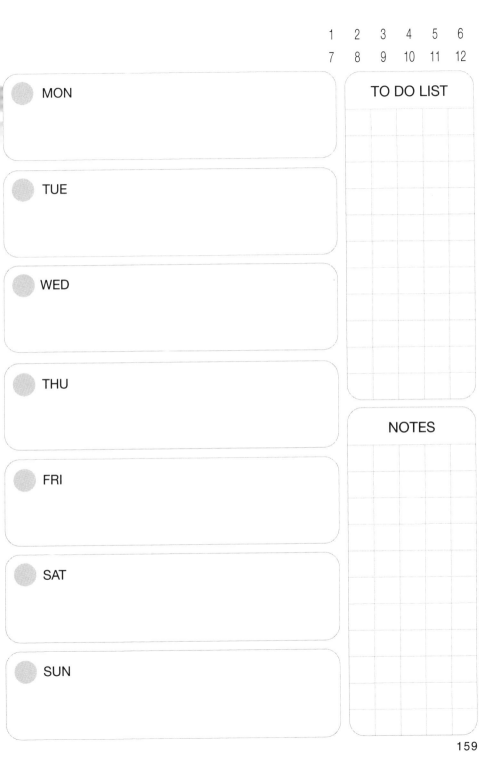

1 2 3 4 5 6
7 8 9 10 11 12

MON

TUE

WED

THU

FRI

SAT

SUN

TO DO LIST

NOTES

Weekly Plans

MON

TUE

WED

THU

FRI

SAT

SUN

TO DO LIST

NOTES

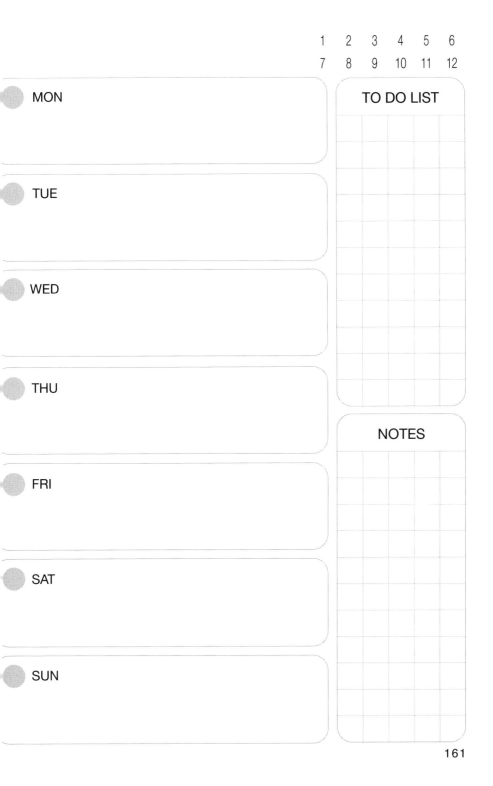

1 2 3 4 5 6
7 8 9 10 11 12

MON

TUE

WED

THU

FRI

SAT

SUN

TO DO LIST

NOTES

Weekly Plans

MON

TUE

WED

THU

FRI

SAT

SUN

TO DO LIST

NOTES

1   2   3   4   5   6
7   8   9   10   11   12

MON

TUE

WED

THU

FRI

SAT

SUN

TO DO LIST

NOTES

Weekly Plans

MON

TUE

WED

THU

FRI

SAT

SUN

TO DO LIST

NOTES

MON

TUE

WED

THU

FRI

SAT

SUN

TO DO LIST

NOTES

Weekly Plans

MON

TUE

WED

THU

FRI

SAT

SUN

TO DO LIST

NOTES

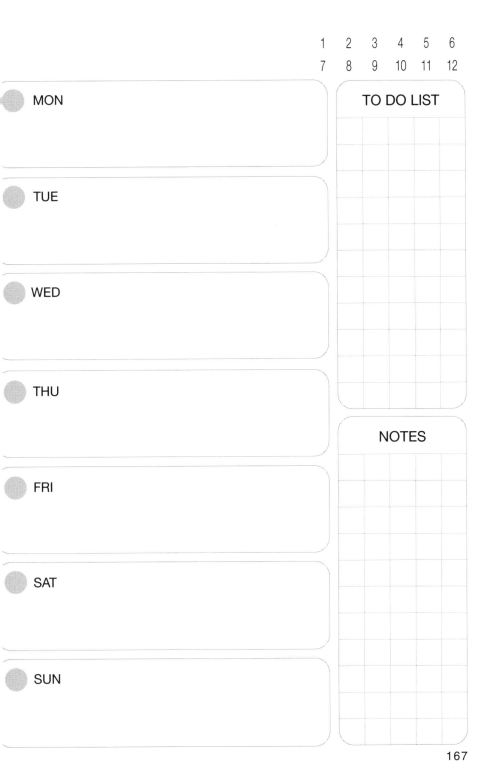

MON

TUE

WED

THU

FRI

SAT

SUN

TO DO LIST

NOTES

Weekly Plans

MON

TUE

WED

THU

FRI

SAT

SUN

TO DO LIST

NOTES

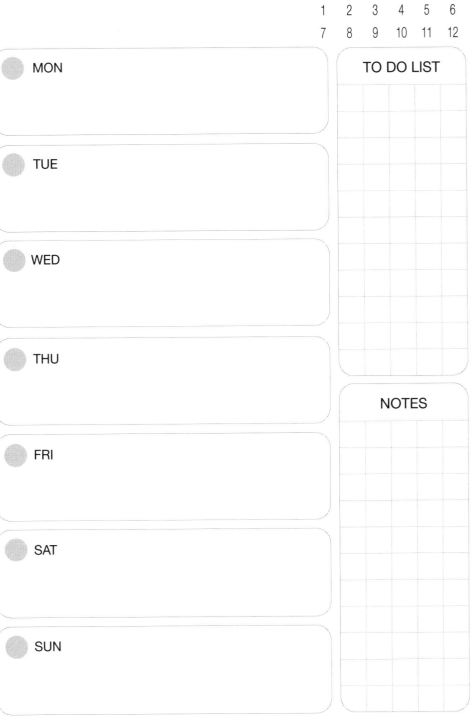

MON

TUE

WED

THU

FRI

SAT

SUN

TO DO LIST

NOTES

Weekly Plans

1 2 3 4 5 6
7 8 9 10 11 12

MON

TUE

WED

THU

FRI

SAT

SUN

TO DO LIST

NOTES

1 2 3 4 5 6
7 8 9 10 11 12

MON

TUE

WED

THU

FRI

SAT

SUN

TO DO LIST

NOTES

Weekly Plans

MON

TUE

WED

THU

FRI

SAT

SUN

TO DO LIST

NOTES

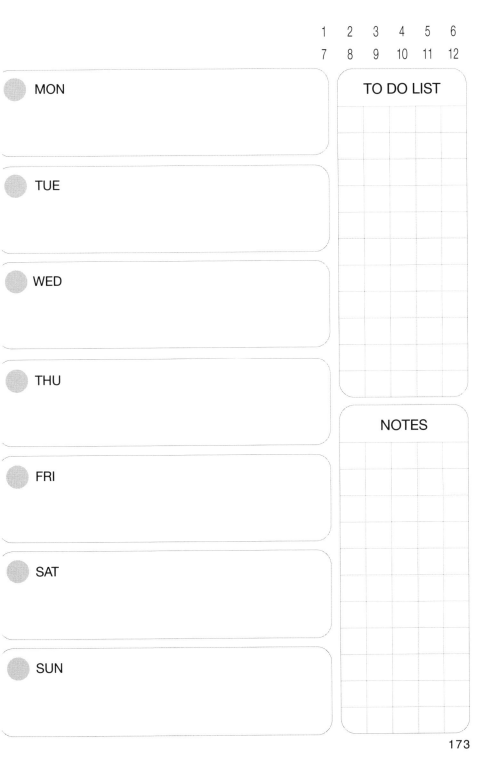

1 2 3 4 5 6
7 8 9 10 11 12

MON

TUE

WED

THU

FRI

SAT

SUN

TO DO LIST

NOTES

Weekly Plans

1 2 3 4 5 6
7 8 9 10 11 12

MON

TUE

WED

THU

FRI

SAT

SUN

TO DO LIST

NOTES

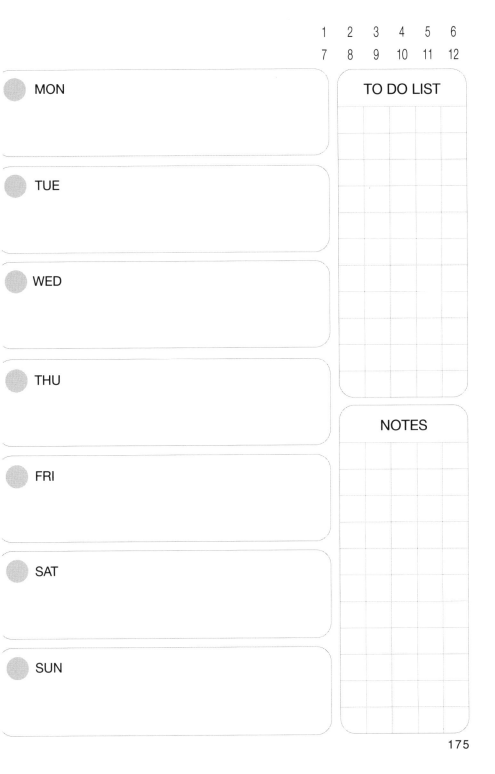

1 2 3 4 5 6
7 8 9 10 11 12

MON

TUE

WED

THU

FRI

SAT

SUN

TO DO LIST

NOTES

Weekly Plans

1   2   3   4   5   6
7   8   9   10   11   12

MON

TUE

WED

THU

FRI

SAT

SUN

TO DO LIST

NOTES

MON

TUE

WED

THU

FRI

SAT

SUN

TO DO LIST

NOTES

Weekly Plans

MON

TUE

WED

THU

FRI

SAT

SUN

TO DO LIST

NOTES

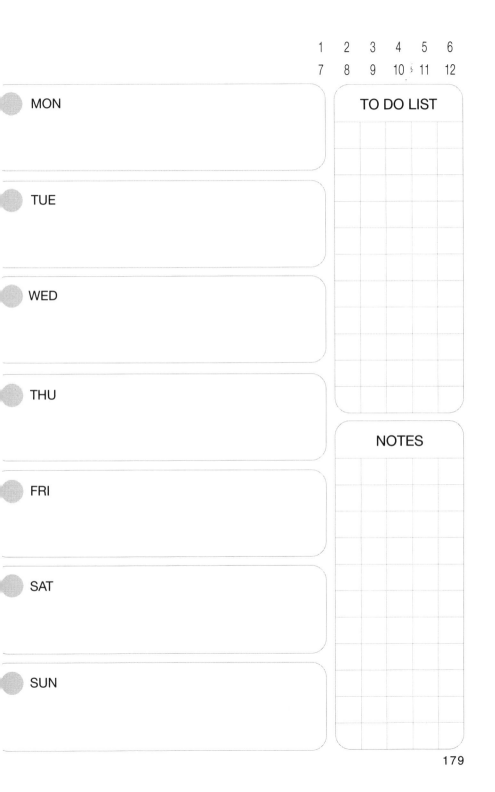

MON

TUE

WED

THU

FRI

SAT

SUN

TO DO LIST

NOTES

Weekly Plans

⬤ MON

⬤ TUE

⬤ WED

⬤ THU

⬤ FRI

⬤ SAT

⬤ SUN

TO DO LIST

NOTES

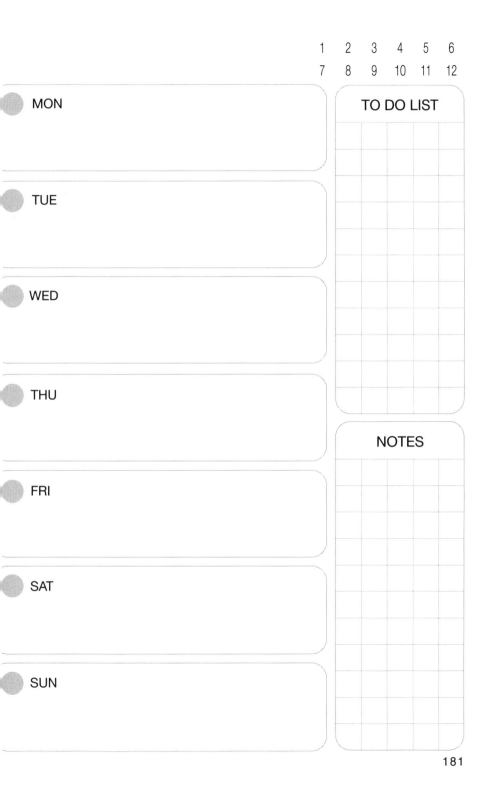

	1	2	3	4	5	6
	7	8	9	10	11	12

MON

TUE

WED

THU

FRI

SAT

SUN

TO DO LIST

NOTES

Weekly Plans

1 2 3 4 5 6
7 8 9 10 11 12

MON

TUE

WED

THU

FRI

SAT

SUN

TO DO LIST

NOTES

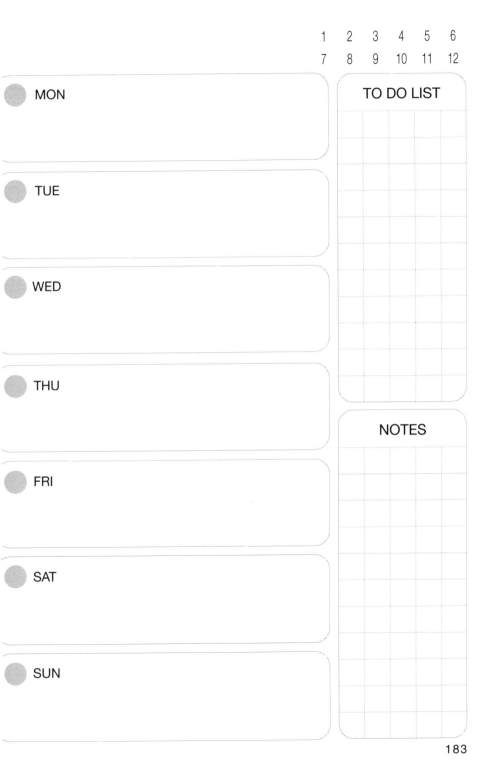

MON

TUE

WED

THU

FRI

SAT

SUN

TO DO LIST

NOTES

Weekly Plans

1 2 3 4 5 6
7 8 9 10 11 12

MON

TUE

WED

THU

FRI

SAT

SUN

TO DO LIST

NOTES

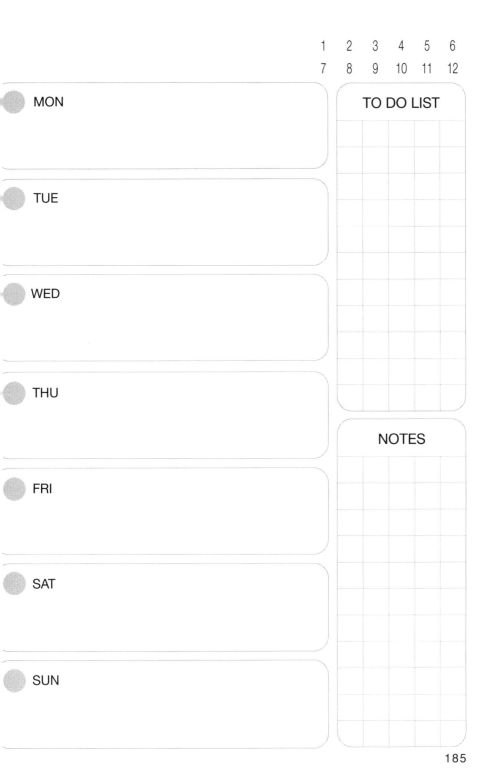

1 2 3 4 5 6
7 8 9 10 11 12

MON

TUE

WED

THU

FRI

SAT

SUN

TO DO LIST

NOTES

Weekly Plans

MON

TUE

WED

THU

FRI

SAT

SUN

TO DO LIST

NOTES

1   2   3   4   5   6
7   8   9   10 11 12

MON

TUE

WED

THU

FRI

SAT

SUN

TO DO LIST

NOTES

Weekly Plans

MON

TUE

WED

THU

FRI

SAT

SUN

TO DO LIST

NOTES

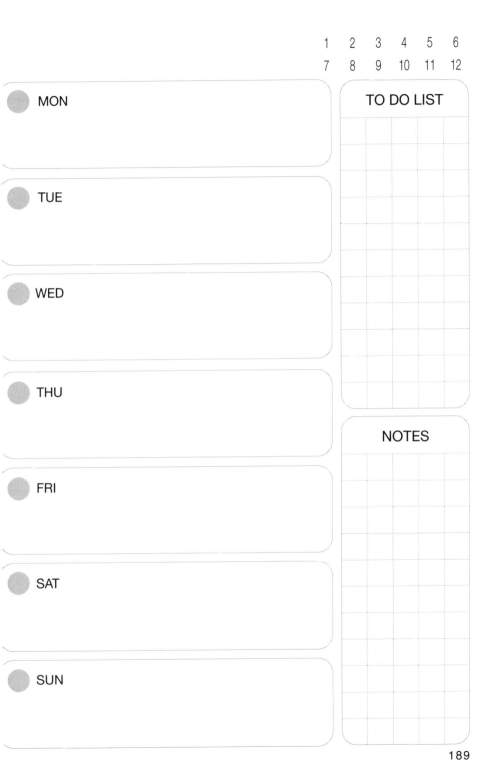

1 2 3 4 5 6
7 8 9 10 11 12

MON

TUE

WED

THU

FRI

SAT

SUN

TO DO LIST

NOTES

189

Weekly Plans

1 2 3 4 5 6
7 8 9 10 11 12

MON

TUE

WED

THU

FRI

SAT

SUN

TO DO LIST

NOTES

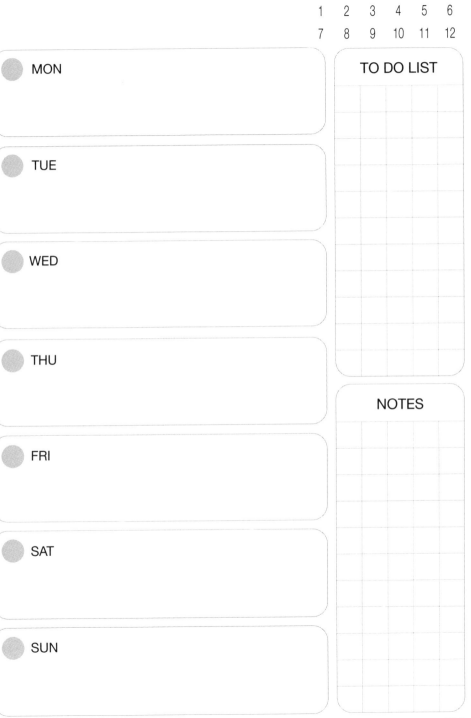

1 2 3 4 5 6
7 8 9 10 11 12

MON

TUE

WED

THU

FRI

SAT

SUN

TO DO LIST

NOTES

如果你的練習都做完了，
現在我要提醒你，我經營超過 10 年總結的心得。

第一，不要只是講「乾貨」忘了人性
很多人喜歡講「乾貨」卻留不住觀眾，因為你的對手不是同行，而是
一切搶走用戶時間的內容，例如，一名穿比基尼的正妹跳舞、一部搞
笑影片、一些 DIY 居家裝潢影片。

我曾經讓一位學生的食譜帳號改內容，從做炒蘑菇變成蘑菇小漢堡。
同樣都是蘑菇的教學，但效果卻大不同，
炒蘑菇只有幾百個點閱，但蘑菇小漢堡卻有上萬點閱！
為什麼點閱數差這麼多？
就是因為短影音講求的是人性。

想做爆款就必須順應人性，
觀眾不喜歡馬鈴薯沙拉，你就要把馬鈴薯做成炸薯條；
觀眾看不下去歷史故事，你就要講歷史名人的狗血八卦。

第二，不要盲目追求精準粉絲
很多人會想追求精準粉絲。
卻忘了你的內容根本沒被演算法推薦，
內容沒人看，別說精準粉絲了，你根本沒有粉絲啊！
精準粉絲，是一句正確而無用的廢話。

想擁有粉絲必須做到「廣泛的話題」，
透過有趣的內容吸引更多的人。

有人看，平台才會願意推給更多的人。
更多的曝光才能累積精準的粉絲。
教英文沒人看，就聊歐陽娜娜英文發音；
教化妝沒人看，就教韓國女團成員 LISA 的仿妝；
泛話題是地基，地基雖然不能住人，
但是沒有地基就蓋不起好房子。

第三，短影音的圖文資訊卡不只是秒數短
它們的價值是因為內容夠濃縮，
不是由於時間短而紅，是資訊密度夠緊湊他才能看下去。
沒有廢話、無需轉場、痛點密集、連環刺激，
全對他有好處，他才能看下去。
你必須提供超過三分鐘的價值，觀眾才願意給你三分鐘。

就像明明同樣都是旅遊 vlog，
為什麼有的 200 萬讚，有的 20 個讚？
因為前者一秒鐘有三個分鏡，後者 30 秒才一個畫面，
信息密度就是播放量的解藥。

我在做社群教學的時候，常會看到很多有天分的同學，
要嘛對穿搭有獨到見解，要嘛對文字很有才華，要嘛是個超級哏王，
我總會問他們有沒有想過經營自己的社群？

他們通常都會跟我說：「我想一下，等有空再弄，
我應該還沒有準備好。」
然後這件事就擱著了，在日常的瑣碎中被遺忘了。

其實你根本不會有準備好的一天，
種一棵樹最好的時間，是 10 年前還有現在。
經營社群最好的時間也一樣，
因為社群平台只會要求越來越多，
演算法的曝光紅利只會越來越少，明天只會更難。

而你在做的事情跟經營社群並不衝突，
試想，一個麵包學徒開設粉絲團，邊學邊把練習的過程放上 FB、IG，
就有可能吸引一群跟他一樣的人，
等他出師以後，就會累積一批觀眾，願意買他製作的麵包，
而不是等學好了，才開始累積粉絲。

當你還在等，那些能力沒你強的人已經在做了，
成功的人是邊做邊解決問題。
當你為了還沒開始經營的個人品牌，就害怕失敗而感到焦慮時，
別人正在嘗試其他方法。

人不會有白走的路，所有的經歷都是養分。
最可怕的就是，害怕自己會犯錯，而選擇什麼都不做，
當你願意試著去做，你會發現自己之前考慮的問題 99% 都不會發生！
人生沒有所謂準備好才開始，而是開始以後才會對困難有所準備！

最後，我要恭喜你，至少你開始了。

流量變現筆記：
超級個人 IP 時代，IG、抖音增粉的 52 個練習

作　　　者／冒牌生
美 術 編 輯／申朗創意
企畫選書人／賈俊國

總　編　輯／賈俊國
副 總 編 輯／蘇士尹
編　　　輯／黃欣
行 銷 企 畫／張莉滎、蕭羽猜、溫于閎

發　行　人／何飛鵬
法 律 顧 問／元禾法律事務所王子文律師
出　　　版／布克文化出版事業部
　　　　　　台北市中山區民生東路二段 141 號 8 樓
　　　　　　電話：(02)2500-7008 傳真：(02)2502-7676
　　　　　　Email：sbooker.service@cite.com.tw
發　　　行／英屬蓋曼群島商家庭傳媒股份有限公司城邦分公司
　　　　　　台北市中山區民生東路二段 141 號 2 樓
　　　　　　書虫客服服務專線：(02)2500-7718；2500-7719
　　　　　　24 小時傳真專線：(02)2500-1990；2500-1991
　　　　　　劃撥帳號：19863813；戶名：書虫股份有限公司
　　　　　　讀者服務信箱：service@readingclub.com.tw
香港發行所／城邦（香港）出版集團有限公司
　　　　　　香港九龍九龍城土瓜灣道 86 號順聯工業大廈 6 樓 A 室
　　　　　　電話：+852-2508-6231　傳真：+852-2578-9337
　　　　　　Email：hkcite@biznetvigator.com
馬新發行所／城邦（馬新）出版集團 Cité (M) Sdn. Bhd.
　　　　　　41, Jalan Radin Anum, Bandar Baru Sri Petaling,
　　　　　　57000 Kuala Lumpur, Malaysia
　　　　　　電話：+603- 9057-8822　傳真：+603- 9057-6622
　　　　　　Email：cite@cite.com.my
印　　　刷／韋懋實業有限公司
初　　　版／2024 年 01 月
　　　　　　2024 年 01 月 18 日初版 2 刷
定　　　價／800 元
I S B N／978-626-7337-97-4
E I S B N／978-626-7337-96-7（EPUB）

城邦讀書花園
www.cite.com.tw　布克文化 www.sbooker.com.tw